Marlenne Martínez Viveros

Evaluación de la actividad antimicrobiana de aceite esencial de lima

AF138585

Marlenne Martínez Viveros

Evaluación de la actividad antimicrobiana de aceite esencial de lima

Agente antimicrobiano natural

Editorial Académica Española

Impressum / Aviso legal

Bibliografische Information der Deutschen Nationalbibliothek: Die Deutsche Nationalbibliothek verzeichnet diese Publikation in der Deutschen Nationalbibliografie; detaillierte bibliografische Daten sind im Internet über http://dnb.d-nb.de abrufbar.

Información bibliográfica de la Deutsche Nationalbibliothek: La Deutsche Nationalbibliothek clasifica esta publicación en la Deutsche Nationalbibliografie; los datos bibliográficos detallados están disponibles en internet en http://dnb.d-nb.de.

Coverbild / Imagen de portada: www.ingimage.com

Verlag / Editorial:
Editorial Académica Española
ist ein Imprint der / es una marca de
OmniScriptum GmbH & Co. KG
Heinrich-Böcking-Str. 6-8, 66121 Saarbrücken, Deutschland / Alemania
Email / Correo Electrónico: info@eae-publishing.com

Herstellung: siehe letzte Seite /
Publicado en: consulte la última página
ISBN: 978-3-659-08104-0

AGRADECIMIENTOS

A Dios por haberme permitido concluir esta etapa que parecía ser muy larga, pero finalmente se concluye.

A mis padres, Sr. Ascensión Martínez Aguila y la Sra. Rosario Viveros Sosa por el apoyo incondicional que a lo largo de este recorrido me brindaron y esfuerzo que siempre hicieron. Los quiero muchísimo gracias por todo.

A ti princesa por ser esa lucecita que siempre estuvo presente.

A mi hermana por su gran apoyo en todos los aspectos en todo momento, por sus palabras de ánimo y motivación a seguir adelante.

A Luis G. por las barreras que ponías, que me enseñaron a crecer, ser más fuerte y luchar por lo que aspiro, y el apoyo que finalmente siempre me brindaste.

Al Dr. Aurelio por la atención y paciencia en todo momento y a lo largo de los años que pase en la universidad, así como su conocimiento para lograr este trabajo.

A la Dra. Bárcenas como yo le dijo Maru por todas la enseñanzas estudiantiles, y comentarios oportunos para mi formación.

A Ma. Elena por su apoyo en los laboratorios, conocimiento y sus notas que daban al trabajo el mejor momento.

A Mary Tere y al Dr. José Ángel por haber leído este trabajo y por su apoyo como profesores.

A Raquel por su apoyo en todo momento en los últimos semestres, por escucharme, y por ser el contacto para la beca.

A Josué y gran equipo de "SOYAMIGO" por la beca que me otorgaron, por el apoyo que me brindaron en el momento más difícil para lograr este proyecto universitario.

A mi generación adoptiva por su afecto, compañerismo y apoyo, Gloria, Gaby, Angélica, Adal, Mauricio, Margarita, Blanca, Mariana, Rubi, Adelina, Ana gracias por esos momento divertidos, de estudio y de estrés.

A mis compañeras Gaby P., Alicia, Mariana, Dianita y compañía por hacer agradable el último semestre con ustedes, por el apoyo en los trabajos y principalmente por su amistad.

A los profesores que estuvieron ahí para cada asesoría, con sus conocimientos formaron criterios y conocimientos como profesionista en mi persona.

A cada persona que colaboro en mi formación como persona y profesionista a lo largo de este tiempo que cada una sin mencionar sus nombres saben que les agradezco cada palabra de aliento y reprensión para lograr mi objetivo.

† *En memoria de mi hermana, mi mejor amiga, compañera de juegos y travesuras.*

Nanis esta tesis la termine por ti, con tu apoyo, desde donde estás segura estoy que estas orgullosa de mi, gracias por tu apoyo absoluto mientras estuviste a mi lado.

ÍNDICE

LISTA DE FIGURAS

LISTA DE TABLAS

LISTA DE GRÁFICAS

I. RESUMEN

El uso de aceites esenciales extraídos de diferentes frutos cítricos o plantas aromáticas, ha sido y es estudiado, ya que se ha comprobado que estas sustancias en combinación con agentes químicos o conservadores tradicionales dan mejor resultado en la conservación de los alimentos, que si sólo se utilizaran conservadores químicos como agentes antimicrobianos. Los antimicrobianos utilizados en alimentos actúan principalmente inhibiendo y/o disminuyendo el crecimiento de los microorganismos, aunque algunos pueden también inactivarlos. Es importante adicionar los llamados antimicrobianos para prolongar la vida de anaquel del producto alimenticio, así como para asegurar y prevenir el deterioro durante el almacenamiento y la distribución de éste.

El plan de investigación se inicio con la recolección de la lima (*Citrus limetta*), preparación de la materia prima, a partir de limas frescas, pelándolas y, la cáscara se pondrá a secar al sol. La obtención del aceite de la lima se llevo a cabo mediante el uso de un equipo de destilación con arrastre de vapor. La medición de las propiedades físicas como, índice de refracción mediante el refractómetro ATAGO, densidad con picnómetros de 10 mL, el color del aceite usando colorímetro Gardner-Colorgard System midiendo los parámetros L,a y b. encontrándose que las propiedades físicas están dentro de lo reportado por la bibliografía y entro de la norma mexicana

Se aisló *Aspergillus flavus* a partir de pan de sal tipo "bolillo" de una panadería local. El pan se almacenó en un recipiente cerrado, a 25.5°C con un poco de agua durante dos semanas, o hasta observar el crecimiento micelar, el cual se escogió como microorganismo para hacer la experimentación correspondiente. Para la determinación de la actividad antimicrobiana, se prepararon sistemas modelo en agar papa dextrosa con pH de 5.6±0.2, teniendo un control (sin aceite) y sistemas con 1%, 2%, 3%, 4%, 5%, 6% y 7% de aceite esencial de lima, se inocularon con 50 µl en concentraciones de $5x10^3$ de esperas de *Aspergillus flavus* se midió diariamente el crecimiento radial observándose que en concentraciones de 4% de aceite el moho se adapta al medio y con 7% de aceite es muy lento.

La evaluación de la actividad antimicrobiana se lleva a cabo en pan tipo "panque" por su compatibilidad sensorialmente con el aceite de lima, elaborado en laboratorio al cual se adiciono el aceite esencial en concentraciones de 3% de aceite por ser la concentración antes de que el moho se adapte al medio y 7% de aceite por la actividad que tiene in vitro, los resultados no fueron los esperados de tal forma que se concluye que es efectivo el aceite de lima in vitro y no en el pan con la formulación utilizada.

II. INTRODUCCION

En la actualidad los consumidores demandan alimentos con características similares a los frescos, es decir sin sustancias químicas que cumplen la función de conservador, y asocian alimentos seguros con alimentos frescos o con el menor proceso que puedan recibir. Esto ha llevado a la búsqueda de nuevas rutas de preservación, así como a estudiar el efecto que puedan tener diferentes productos naturales con algunas formas tradicionales de conservación para la estabilidad microbiológica de los alimentos; es decir poder utilizar productos naturales para lograr extender la vida útil de los alimentos sin menoscabo en sus características

El uso de aceites extraídos de diferentes frutos cítricos o plantas aromáticas, es muy estudiado, ya que se ha comprobado que estas sustancias en combinación con agentes químicos o conservadores tradicionales dan mejor resultado en la conservación de los alimentos, que si sólo se utilizan conservadores químicos como agentes antimicrobianos

La lima dulce (*Citrus limetta*) es un cítrico producido a nivel nacional y en mayor cantidad en algunos estados de la República, uno de ellos Tlaxcala, que es tan baja su comercialización que es desperdiciada anualmente, los árboles de lima en ocasiones solo sirven como linderos en algunos terrenos. Hasta el momento sólo se emplea fundamentalmente para aderezar o realzar el sabor de otras frutas o platos y preparaciones culinarias, el jugo como bebida fresca, también el zumo en repostería fina y el aceite extraído de la cáscara para bebidas refrescantes o aromaterapia lo cual muestra el desperdicio del potencial de las propiedades de este fruto, ya que se sabe que uno o algunos de sus componentes presentes en la cáscara sirven para inhibir el crecimiento de algunos microorganismos deteriorativos en alimentos.

Por eso, se ha considerado de gran importancia estudiar el aceite esencial extrayéndolo de la cáscara de la lima y utilizarlo como saborizante y agente antimicrobiano natural, para contrarrestar el crecimiento de mohos causantes de deterioro en algunos alimentos de panadería o alimentos que sean compatibles con el sabor de la lima.

III. OBJETIVOS

3.1 OBJETIVO GENERAL

Evaluar la actividad antimicrobiana de aceite esencial de la lima y llevar a cabo la caracterización del aceite.

3.2 OBJETIVOS ESPECÍFICOS

1. Extraer el aceite de la lima por el método de destilación por arrastre con vapor.

2. Caracterizar las propiedades físicas del aceite obtenido mediante algunas técnicas analíticas.

3. Evaluar la actividad antimicrobiana del aceite de lima en sistemas modelo inoculando con un microorganismo.

3.4. Evaluar la actividad antimicrobiana del aceite de lima en algún pan compatible sensorialmente con el aceite obtenido.

IV. REVISION BIBLIOGRÁFICA

4.1 Antecedentes

La lima es un fruto originario del Sureste Asiático, con el paso del tiempo y con la importación y exportación de frutos llegó a México. Lima es un nombre genérico por el que se conocen varias especies de árboles frutales, en especial cítricos.

El nombre vernáculo no corresponde exactamente con ninguna clasificación científica, y las especies que reciben este nombre varían marcadamente según las regiones.

Se caracteriza por tener forma redondeada, globosa u ovalada, tener sabor dulce o muy ácido, en función de la variedad, muy refrescante, y fuerte en consistencia, su olor es muy característico de entre la familia de los cítricos, la cáscara es lisa, ligera, compacta de color verde-amarillo y con aroma impregnante al igual que la pulpa, ésta que se encuentra dividida en gajos, es verde translúcida, contiene gran cantidad de agua, así como otros componentes nutritivos. El tamaño y el peso varían de igual forma con la variedad pero en general se puede decir que mide unos cinco centímetros de diámetro y pesa alrededor de 60 gramos (Barrett, 2004 - Colecio, et al., 2005).

4.2 Importancia de los mohos en a los alimentos

La importancia de los mohos en los alimentos radica en que su crecimiento es notorio a simple vista y dan un aspecto desagradable a los mismos y por lo que se desechan por ser inadecuados para el consumo humano ya que puede causar alergias o enfermedades que pueden ir de leves a graves. EL moho que se ve en algunos alimentos puede ser parte del proceso de elaboración del producto, como en el caso de ciertos quesos, o puede indicar que el alimento no se debe comer y debe ser desechado. Algunos tipos de moho son benéficos y otros, productores de toxinas, pueden causar enfermedades. No se sabe cuántas especies de mohos existen pero se calcula que pueden ser desde decenas de miles hasta tal vez cientos de miles. La mayoría de estos hongos son organismos filiformes (parecidos a un hilo). Las esporas que producen pueden ser transportadas por el aire, el agua o los insectos (Grajales, 2005).

Los mohos crecen con un aspecto aterciopelado o semejante a algodón, generalmente inicia de color blanco con el paso de los días va tomando coloración dependiendo del mohos del que se trate y el color es responsabilidad de las esporas que son típicas en hongos maduros. Debido a su aspecto, estructura y morfología, así como la apariencia macroscópica y microscópica de los mohos es usada como base para su identificación (Frazier y Westhoff, 1988).

Existen diversos mohos que crecen y deterioran alimentos. Esto se debe en gran medida a su amplio intervalo de condiciones de crecimiento, a temperaturas que van desde los 10° C hasta los 35° C, a pH desde 2 hasta 8.5, y los requerimientos de humedad son relativamente bajos; ya que la mayoría de las especies de mohos crecen o pueden crecer a actividad de agua de 0.85 o menor (Moreno, 2002).

4.2.1 Intoxicaciones alimentarias por mohos

La enfermedad llamada genéricamente micotoxicosis puede ser provocada por mohos productores de toxinas activas al entrar al organismo por vía oral. Muchos mohos son productores de substancias proteicas de bajo peso molecular y acción tóxica conocidas como micotoxinas. Elevadas ingestiones de micotoxinas pueden producir cuadros agudos fácilmente detectables; pero estos casos son raros, es más frecuente la intoxicación por bajas dosis de micotoxinas que pueden producir intoxicaciones crónicas con efectos oncogénicos o inhabilitantes en diferentes órganos como hígado, riñón y cerebro.

Las micotoxinas pueden ingerirse por contaminación con mohos en alimentos de baja actividad de agua como quesos, mermeladas, alimentos curados, cereales, panes. En el caso de animales, estos pueden ingerir las micotoxinas en los piensos y forrajes lo que puede causar intoxicaciones crónicas en el animal y pueden transmitir las toxinas a través de sus productos como huevos o leche.

Debido al bajo peso molecular las micotoxinas suelen ser muy termorresistentes y pueden difundirse grandes distancias en los alimentos por lo que tratamientos térmicos suelen ser inefectivos y la simple eliminación del moho no evita la micotoxina, ya que es crecimiento superficial pero los productos de su actividad (micotoxinas) pueden difundirse al interior del producto.

Es por esto que existe una gran preocupación por la actividad toxigénica de los mohos considerados beneficiosos presentes en algunos alimentos (queso, embutidos).

17

Las profilaxis, es decir las desinfecciones se centran en evitar la contaminación por hongos de los alimentos (quesos, pan, harinas, cereales, frutas y mermeladas) no solo por razones estéticas sino también sanitarias (Jiménez, 2008).

4.2.2 Caracterización y funcionamiento de los hongos

Los mohos son organismos heterotróficos portadores de esporas, que se transcriben de manera sexual y asexual: con estructuras somáticas, ramificadas y filamentosas rodeadas por paredes celulares bien definidas con quitina y celulosa. Tienen crecimiento característico y usualmente producen ramificaciones laterales. La hifa está formada por una pared delgada transparente tubular, las hifas se fusionan formando un arreglo tridimensional llamado micelio (Burnett, 1976).

Las paredes celulares de los mohos maduros son extremadamente rígidas resistiendo los ataques enzimáticos; protegiendo al protoplasto del daño por condiciones extracelulares. La reproducción es la formación de nuevos seres o formas que poseen todas y las mismas características de la especie de la cual provino. Se conocen dos tipos de reproducción sexual y asexual, esta última es a través de esporas. Una espora es una unidad estrechamente diminuta, que se propaga sin un embrión y que sirve para la producción de una nueva unidad de la misma especie (Gimeno, 2001).

Los conceptos de germinación y latencia de esporas mantienen una relación estrecha y no pueden ser tratados de forma aislada. En muchas esporas, salvo aquellas que poseen paredes gruesas e irregulares, el primer cambio radica en el tamaño de la espora y el contenido de nutrientes. Existen además dos tipos de latencia la exógena debida a propiedades innatas de la

18

espora y la constitutiva debida a factores ambientales. Dentro de los factores determinantes en la latencia exógena esta la humedad relativa, pH, materiales tóxicos e inhibidores, temperatura y bióxido de carbono, entre otros (Burnett, 1976).

La mayoría de los organismos vivos absorben los materiales externos a través de sus membranas trasportándolas a los sitios metabólicos dentro de la célula y la transforman en energía para los procesos biosintéticos, de conservación y supervivencia esto mismo ocurre con los mohos por ser organismos vivos (Burnett, 1976), para que esto se pueda lleva a cabo el principio fundamental es que todos los nutrientes deban ser transportados a través de las dos capas, la membrana citoplasmática y la región comprendida entre ellas. Estas regiones asumen un papel importante en el transporte de nutrientes que algunas veces pueden favorecer al moho y podrá perjudicarlo causando daño sobre la célula.

De acuerdo con Frazier y Westhoff (1988) existen varios medios que pueden ser útiles para el cultivo de mohos pero el crecimiento siempre presenta las siguientes fases:

- Fase inicial o lag. El número de microorganismos permanece constante o puede disminuir en número. Esto se debe tal vez a un ajuste en su medio ambiente.
- Fase logarítmica. Los microorganismos aumentan en número debido a que el suministro de alimento es abundante.
- Fase de crecimiento negativo. La multiplicación empieza a disminuir a causa de la disminución en el suministro de nutrientes y la acumulación de productos de desecho que pueden ser tóxicos para el organismo.

- Fase estacionaria. Aquí la tasa de mortalidad se encuentra en equilibrio con la tasa de natalidad lo cual se debe a la disminución de nutrientes y la acumulación de productos de desecho.
- Fase de mortalidad acelerada. La tasa de mortalidad acelerada es mucho mayor y va en aumento conforme se agotan los nutrientes y la acumulación de productos de desecho es muy grande.

4.3 Aspergillus flavus

Es un moho mesófilo que crece con la producción de hilo como ramificación conocida como filamentos de hifas. Hongos filamentosos como *Aspergillus flavus* llamados mohos. Una red de hifas conocido como el micelio segrega enzimas que descomponen diferentes fuentes de alimento. Las pequeñas moléculas resultantes son absorbidas por el micelio que sirve de combustible adicional para el crecimiento de los mohos. A simple vista no se pueden ver las hifas individuales, pero sí se observan densas alfombras de micelio a menudo se puede ver de aspecto aterciopelado, algodonoso y de color verde (figura 1). En la observación al microscopio se puede distinguir la estructura de las esperas (figura 2).

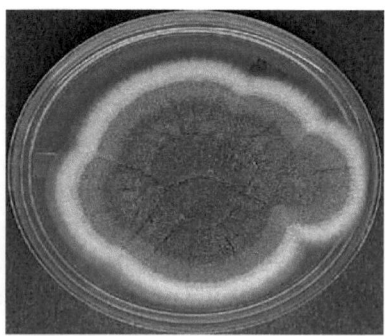

Figura 1. Estructura de *Aspergillus flavus* en cultivo en una placa de Petri.

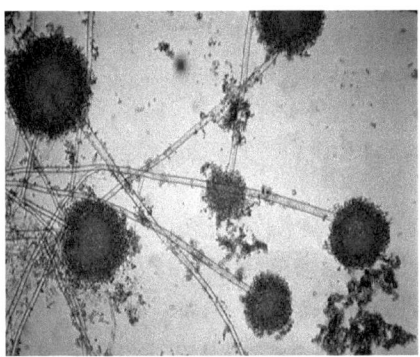

Figura 2. Estructura de *Aspergillus flavus* vista al microscopio

La naturaleza de *Aspergillus flavus* es, capaz de crecer en diferentes fuentes de nutrientes. Es predominantemente una de las especies por su naturaleza saprofita le permite crecer en las plantas muertas y tejido animal en el suelo. Por esta razón es un moho también muy importante en el reciclaje de nutrientes (Jay, 1992)

Aspergillus flavus también puede ser patógena en varias especies de vegetales y animales, incluidos los seres humanos y animales domésticos. El moho puede infectar las semillas de maíz, cacahuate, algodón, árboles y frutos secos y algunos alimentos procesados entre ellos los de panificación entre muchos otros tipos de alimentos. El crecimiento del moho en una fuente de alimento a menudo conduce a la contaminación con aflatoxinas, que son compuestos tóxicos y cancerígenos. *Aspergillus flavus* es también la segunda causa de la aspergilosis en los seres humanos. Los pacientes infectados con *Aspergillus flavus* a menudo tienen reducido o compartido su sistema inmune (Scheidegger, 2003).

La epidemiología de *Aspergillus flavus* difiere dependiendo de la especie huésped. El moho puede encontrarse como micelio o como estructuras resistentes conocidas como esclerocios. Los esclerocios

21

germinan, ya sea para producir hifas adicionales o conidias (esporas asexual), que pueden entonces dispersarse en el suelo y el aire (Scheidegger, 2003).

A diferencia de la mayoría de los mohos el crecimiento de *Aspergillus flavus* se ve favorecido por las condiciones de calor seco. La temperatura óptima de crecimiento es 37°C, pero el moho crece fácilmente entre las temperaturas de 25-42°C, y sería posible que creciera en intervalos de temperatura de 12-48°C. Esta alta temperatura óptima contribuye a su patogenicidad en los seres humanos. Puede crecer en un rango de pH de 3.0 a 6.8, aunque Moreno (2002) reporta que a pH entre 5.5 y 7 no afecta el desarrollo de los mohos. Su actividad de agua mínima de crecimiento varía entre 0.80 y 0.90, dependiendo de las otras condiciones.

4.4 Aceites esenciales

Los aceites esenciales son mezclas homogéneas de compuestos químicos orgánicos, provenientes de una misma familia química, como los terpenoides.

Los terpenoides son a menudo llamados isoprenoides teniendo en cuenta que el isopreno (figura 3) es su precursor biológico. Presentan una gran variedad estructural, derivan de la fusión repetitiva de unidades ramificadas de cinco carbonos basadas en la estructura del isopentenilo, son monómeros considerados como unidades isoprénicas y se clasifican por el número de unidades de cinco carbonos que contienen en mono, sesqui, di, tri, tetraterpenos. Los productos que provienen del metabolismo del isopreno abarcan a los terpenos, los carotenos, las vitaminas, los esteroides, etc.

Tienen la propiedad en común, de generar diversos aromas agradables y perceptibles al ser humano (Carey, 2003).

Figura 3. Estructura molecular del isopreno

Se encuentran repartidos en todo el reino vegetal, tanto en plantas inferiores como en especial en plantas superiores. Son particularmente abundantes en algunas familias: *Umbelíferas, Labiadas, Lauráceas, Mirtáceas, Coníferas, Rutáceas, Zingiberáceas y Compuestas*. Todos los órganos pueden contener aceite desde flores, frutos, cortezas, botones, semillas, hojas, hierbas, raíces, especias, etc. (Pérez, 2006).

A condiciones ambientales, los aceites esenciales son líquidos menos densos que el agua, pero más viscosos que ella. Poseen un color en la gama del amarillo, hasta ser transparentes en algunos casos. La definición aceptada: Un aceite esencial es un producto volátil obtenido de una materia prima vegetal mediante una destilación, ya sea con vapor o por inmersión en agua caliente. También, aquel que es obtenido desde el epicarpio de las frutas cítricas, mediante un proceso mecánico o prensado (Muñoz, 2002).

Son inflamables, no son tóxicos, aunque pueden provocar alergias en personas sensibles a determinados terpenoides, son en general inocuos, mientras la dosis suministrada no supere los límites de toxicidad. Sufren degradación química en presencia de la luz solar, del aire, del calor, de ácidos y álcalis fuertes, generando oligómeros de naturaleza indeterminada. Son solubles en los disolventes orgánicos comunes. Casi inmiscibles en disolventes polares asociados (agua, amoniaco). Tienen propiedades de solvencia para los polímeros con anillos aromáticos presentes en su cadena. Son aceptados como sustancias seguras GRAS (Generally Regarded as Safe) por la FDA (Norman, 1998).

Hay varios aceites esenciales, en su mayoría de cítricos, que se enfrían para precipitar las grasas naturales y mejorar la claridad. A temperaturas normales, la mayoría de los aceites son líquidos y algunos semisólidos; unos cuantos son sólidos. La mayoría de los aceites esenciales son volátiles o etéreos, ya que deben evaporarse para afectar los sentidos del olfato y del gusto, pero muchos contienen componentes no volátiles, como las ceras naturales o componentes de alto peso molecular que no se evaporan (James 1998).

Los aceites esenciales se utilizan en muchos productos alimenticios, solos, como los extractos de sabores (por ejemplo extracto de naranja, toronja, lima-limón, etc.), en combinación con otros aceites esenciales, en aceites fijos, en oleorresinas, en extractos o jugos de fruta y en concentrados, para dar sabor a diversos alimentos como son salchichas y productos de carne, refrescos, productos horneados, dulces, quesos, tabaco, condimentos, aderezos para ensaladas, jarabes, etc.

Un gran número de aceites esenciales y sus componentes entre estos carvacrol, cinamaldehído, citral, p-cimeno, eugenol, limoneno, mentol y timol han sido registrados por la Comisión Europea como saborizantes en alimentos por no presentar riesgo en la salud del consumidor, al igual que la

24

FDA los ha considerado como sustancias GRAS (Generally Regarded as Safe) y han sido probados como aditivos (Pérez, 2006).

Es generalmente aceptado que concentraciones alrededor del 5 al 15% de aceite esencial se requieran para actuar como agentes antimicrobianos en los alimentos que en medios de laboratorio. Sin embargo en muchos casos una concentración pequeña que tenga el efecto de disminuir el crecimiento microbiano puede ser suficiente para obtener un producto seguro donde la cuenta inicial de microorganismos sea baja (Pérez, 2006).

4.4.1 Extracción de aceites esenciales

La temperatura de ebullición de una mezcla de líquidos será aquélla en la cual la suma de las presiones parciales sea igual a la presión atmosférica. De esta forma, la temperatura de ebullición de la mezcla siempre será inferior a la del componente más volátil; esto resulta útil cuando se desea aislar compuestos que se degradan por encima de la temperatura de ebullición del agua (Pérez, 2006).

Generalmente los aceites son aislados de plantas que no poseen celulosa y lignina por métodos como prensado, extracción, fermentación o destilación. En general los rendimientos de extracción varían desde 0.1 a 2%, existiendo algunas excepciones como por ejemplo la badiana china con un rendimiento del 5%, el clavo de olor con más de 15% de aceite esencial (Mazinger, 2006).

4.4.2 Extracción por destilación en corriente de vapor

La destilación por arrastre de vapor con es una de las técnicas más utilizadas para extraer los aceites esenciales por sus características antes mencionadas. La planta, semilla, hierva, etc., se sitúa en un recipiente a través del cual se hace pasar vapor de agua generado en otro recipiente. Por este método se hace pasar una corriente de vapor de agua por la muestra que contiene el compuesto a extraer, lo que hace que se caliente la muestra y el vapor arrastre los componentes volátiles hacia un sistema de enfriamiento típico de una destilación simple. El destilado se recoge, separa y purifica (Pérez, 2006).

4.5 Agentes antimicrobianos

Desde la antigüedad se utilizaban algunos tipos de agentes que parecían útiles para la conservación de los alimentos, ya que se notaba que al agregarlos el alimento duraba más tiempo, ejemplo de ello es la sal común, y ésta se ha utilizado para preservar alimentos tales como carne, pescados, mariscos, frutas y otros productos.

Con el paso de los años y las investigaciones se ha llegado a saber que la velocidad de deterioro microbiano en alimentos no solo depende de los microorganismos presentes, sino también de la composición química del producto y de la carga microbiana inicial. Los antimicrobianos son compuestos químicos añadidos o presentes en los alimentos que retardan el crecimiento microbiano o inactivan a los microorganismos y por lo tanto detienen el deterioro de la calidad y mantienen la seguridad del alimento (Baltazar, 2003).

Muchos investigadores han llegado a la conclusión en que la evolución de aditivos para alimentos debe basarse en un balance entres los riesgos y beneficios, (Baltazar, 2003), de esta manera en un futuro los aditivos benéficos serán aquellos que contengan o cumplan con varias funciones, dependiendo al alimentos al cual se añadan.

Actualmente se producen antimicrobianos en forma sintética, pero estos también se encuentran presentes en forma natural en componentes de diversos alimentos. De tal manera que los compuestos químicos de acción antimicrobiana y que se encuentran en los alimentos pueden clasificarse como aditivos tradicionales con acción directa o indirecta (Moreno, 2002).

Así mismo se pueden clasificar los antimicrobianos como compuestos presentes de manera natural en el producto o alimentos y los que son añadidos intencionalmente. Entre los aditivos antimicrobianos directos aprobados para ser incorporados en los alimentos están los ácidos orgánicos y sus derivados, esteres, nitritos, nitratos entre algunos otros. Mientras que los antimicrobianos indirectos son sustancias que se añaden con otros objetivos a los de inhibir algún microorganismo en particular, pero que por su condición química inhiben a algún microorganismo entre ellos se encuentran los fosfatos, antioxidantes fenólicos o el EDTA (Davidson y Branen, 1993).

4.5.1 Modo de acción de los antimicrobianos

De acuerdo con Carrillo (1999) los antimicrobianos usados en alimentos inhiben el metabolismo y el crecimiento de bacterias, mohos y levaduras. La acción de éstos puede ser inhibitoria o letal. La muerte de los microorganismos se basa en una serie de acontecimientos altamente selectivos. Junto a mecanismos físicos y físico-químicos interfieren reacciones puramente bioquímicas, sobre todo de inhibición de enzimas. Las acciones pueden reducirse a los dos siguientes puntos:

a) influencia sobre la pared celular y/o la membrana celular.

b) influencia sobre la actividad enzimática o la estructura genética del protoplasma.

4.5.2 Antimicrobianos naturales

Un amplio rango de antimicrobianos naturales han sido desarrollados a partir de microorganismos, animales y plantas, un gran número de ellos ya son empleados para la conservación de alimentos, mientras que muchos están siendo estudiados para poder ser usados en los alimentos, tal es el caso del uso de extractos de plantas y frutos como conservadores naturales.

Debido a que los aceites esenciales tienen una gran variedad de compuestos, no es posible definir un solo mecanismo mediante el cual estos compuestos actúan sobre los microorganismos (Carrillo, 1999). Debido al alto grado de hidrofobicidad, la participación de estos compuestos ocurre en la bicapa lipídica de las células, acumulándose en las membranas biológicas y por lo tanto inhibiendo la viabilidad celular. Algunos aceites esenciales, extractos de plantas, y oleoresinas influyen sobre ciertas funciones bioquímicas y o metabólicas, tales como respiración o en la producción de ácidos (Conner, 1993).

4.5.3 Antimicrobianos derivados de plantas

Matamoros (1998) menciona que aproximadamente 1389 plantas son un recurso potencial de compuestos antimicrobianos. Estos compuestos incluyen muchas sustancias de bajo peso molecular como las fitoalexinas, entre las cuales los compuestos fenólicos son los más predominantes. Muchas hierbas y especias contienen aceites esenciales que son antimicrobianos, y cerca de 80 productos de origen vegetal que contienen altos niveles de estos con uso potencial en alimentos por ejemplo clavo, ajo, cebolla, salvia, mostaza, vainilla y frutos cítricos, entre otros.

Entre los antimicrobianos naturales que en los últimos años han despertado el interés de los investigadores en la industria alimenticia se encuentran las especias, que son raíces, corteza, capullos, semillas o frutos de plantas aromáticas, las cuales son usadas para condimentar los alimentos (Carrillo, 1999).

4.6 Actividad antimicrobiana

La actividad antimicrobiana en especial de los aceites esenciales depende de varios factores. Matamoros (1998) hace referencia al estudio del efecto inhibitorio realizado a 32 aceites esenciales sobre 13 levaduras deteriorativas y de uso industrial en alimentos, Matamoros (1998) concluye que los aceites esenciales pueden inhibir o incrementar el crecimiento y otras actividades metabólicas de las levaduras estudiadas dependiendo del género, la concentración del aceite esencial y las condiciones ambientales.

Son muchos los factores que afectan la actividad antimicrobiana de las especias y aceite esencial. El grado de inhibición observado depende del tipo de microorganismo, del tipo de sustrato, variaciones en la composición de la planta, especia o fruto por diferencias en zonas geográficas de cultivo, clima, entre muchos otros.

4.7 D- Limoneno

Colecio et al. (2005) reportan que la lima tiene un elevado contenido de terpenoides; siendo el D-limoneno el principal componente. Estos, principales componentes en los aceites esenciales de cítricos, son muy usados en la inhibición microbiana en la industria alimentaria, farmacéutica y cosmética.

El limoneno es una sustancia natural que se extrae de los cítricos. Es la sustancia que da olor característico a las naranjas y los limones. Pertenece al grupo de los terpenos. Posee un centro quiral, concretamente un carbono asimétrico. Por lo tanto existen dos isómeros ópticos: el D-limoneno y el L-limoneno. La nomenclatura IUPAC correcta es R-limoneno y S-limoneno, pero se emplean con más frecuencia los prefijos D y L o alfa y beta, (figura 3). La masa atómica del limoneno 136.21g/mol (Colecio et al., 2005).

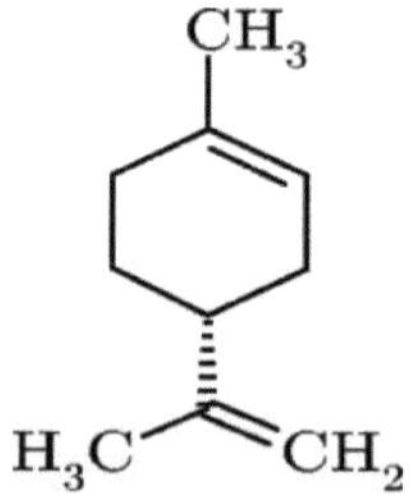

$$CH_3$$

$$H_3C \quad CH_2$$

Figura 4. Estructura del limoneno

4.8. Microorganismos deteriorativos del pan

En general, todos los productos de panadería recién hechos, al salir del horno están exentos de mohos, tanto en su forma vegetativa como esporas. Pero inmediatamente después se convierten en un medio de cultivo óptimo, sobre el que se depositan las esporas que se encuentran en el aire. Desde la germinación de una espora hasta la formación de una colonia, si el medio es favorable, transcurre de dos a tres días. Son de vida vegetativa y aeróbica, es decir, necesitan oxígeno para reproducirse, por eso es frecuente que los hongos proliferen primero en la corteza, que es la zona más expuesta al aire que contiene la bolsa en caso de pan empacado (Kent, 1987; Tejero, 2004).

Los tipos de mohos más frecuentes en el pan son:

Rhizopus nigricans, color negro de aspecto algodonoso.

Mucor mucedo, de color blanco en la primera etapa, que se va oscureciendo hasta llegar a ser negro-marrón.

Aspergillus flavus, color blanco o amarillo pálido en la fase inicial, convirtiéndose más tarde de color verde-gris.

Penicillum expansum, color azul brillante o verde.

Neurospora sitophila, color rojo-naranja, es frecuente cuando el pan está mal cocido o se ha empaquetado caliente (Tejero, 2004).

V. PLAN DE INVESTIGACIÓN

En base a los objetivos planteados se presenta el siguiente plan de investigación.

5.1 Preparación de materia prima y extracción de aceite

A partir de limas frescas, se retiró la cáscara con un cuchillo o un pelador y se puso a secar al sol. Con la cáscara seca se realizó la extracción del aceite por destilación por arrastre de vapor que permitió al final del proceso obtener el aceite esencial.

5.2 Caracterización del aceite

Utilizando técnicas analíticas y/o instrumentales se determinaron propiedades físicas como el índice de refracción, densidad y color. Todas las pruebas se realizaron por triplicado.

5.3 Determinación de la actividad antimicrobiana

5.3.1 Aislamiento del microorganismo

A partir de un pan de sal tipo "bolillo" que se puso en una bolsa de plástico y almacenado a temperatura de 25.5°C, se aisló e identifico el microorganismo, (moho) que se estudió

.

5.3.2 Sistemas modelo

Se prepararon sistemas modelo de laboratorio con agar papa dextrosa, y agregando en concentraciones de 0% (control), 1%, 2%, 3%, 4%, 5%, 6% y 7% de aceite esencial de lima y se inoculó la especie de moho aislada a fin de evaluar su respuesta de crecimiento o inhibición en un determinado tiempo.

5.3.3 Concentración mínima inhibitoria del aceite

Se determinó la concentración mínima inhibitoria del crecimiento del moho aislado al aplicar el aceite de lima en función de la concentración del extracto.

5.4 Evaluación de la actividad anitmicrobiana

Se elaboró un producto de panificación tipo "panque" al cual se le incorporó el aceite en concentraciones y condiciones encontradas en el punto anterior, al cual se inoculó el moho aislado y se evaluó la respuesta de crecimiento microbiano.

VI. MATERIALES Y MÉTODOS

6.1 Materia prima

Para este proyecto la materia prima es lima fresca (*Citrus limetta*), se recolecta de la ciudad de Tlaxcala de una población llamada El carmen Aztama en donde la producción es alta en los meses de enero a marzo.

Esta es seleccionada de tal forma que la cáscara sea amarilla y no este dañada por insectos.

Se parte de un lote de aproximadamente de 30 kg.

Se caracteriza midiendo las dimensiones de 10 piezas de fruta, pesar, lavar, posteriormente se pela con un cuchillo casero y la cáscara se pone a secar por exposición al sol, sobre una tela de algodón durante 5 días.

6.2 Obtención del aceite

La obtención del aceite esencial se realiza mediante el equipo de destilación con arrastre de vapor de la UDLAP, como se muestra en la figura 4, el cual consta de los siguientes accesorios: parilla, 2 frascos de vidrio Pirex de 2L, frasco de 1/2L para la recepción del destilado, cabeza del destilador, condensador adaptado al refrigerante, auto-separador con válvula, abrazaderas, mangueras de agua, telas de asbesto.

La metodología recomendada por el fabricante para la utilización del equipo es: inicialmente llenar con agua destilada 2/3 del recipiente en contacto de la parilla así como con unas cuantas perlas de ebullición. Posteriormente la especia previamente molida o fraccionada se coloca el recipiente superior al primero, alrededor de dicho recipiente por la parte exterior se coloca un aislante (telas de asbesto) para optimizar el calentamiento. Posteriormente se pone a funcionar el sistema de refrigeración para enfriar el agua dentro del condensador aproximadamente a 0° C e iniciar la destilación. Se prende la parilla de calentamiento de manera que durante todo el proceso el agua se encuentra en ebullición.

Los vapores generados comenzarán a subir alrededor de los 10 a 20 minutos hacia la cabeza del destilador, hasta llegar al condensador donde se enfrían. El líquido extraído (fase acuosa y oleaginosa) se acumula en el auto-separador donde se puede observar la separación de fases. Una vez terminado el proceso (2-4 horas) se apaga el equipo y se deja enfriar, posterior a éstos se libera el agua por diferencia de densidades mediante la válvula para obtener el aceite esencial puro.

Se pesan 150 gramos de cáscara seca, se fracciona en trozos muy pequeños para que el área de contacto de la cáscara con el vapor sea mayor y así obtener un mayor rendimiento, posteriormente se agrega en el matraz del equipo y se agregan 1500 mL de agua destilada. Se monta el equipo y se sigue el procedimiento descrito anteriormente.

Después de 2.45 hora de destilación se apaga el quipo esperando a que se enfríe y se recolecta el aceite en tubos de ensaye pequeños, con una pipeta se mide el volumen recolectado.

Para evitar la degradación del aceite esencial se coloca en un tubo de ensaye pequeño con tapa de rosca y se recubre el tubo con papel aluminio y se guarda en refrigeración evitando el contacto con la luz.

Figura. 5. Equipo de destilación con arrastre de vapor

6.3 Medición de las propiedades físicas del aceite

6.3.1 Índice de refracción

La medición del índice de refracción del aceite esencial se realiza mediante el refractómetro ATAGO a 25° C.

El refractómetro se calibra a 0 con agua destilada para luego secar con papel y colocar una gota de muestra del aceite sobre el cristal. Para su lectura se gira la perilla hasta la zona oscura que quede en el centro de las líneas de la plantilla.

La lectura se hace por triplicado.

6.3.2 Densidad

La densidad de los aceites se determina mediante la ecuación 1; para su determinación se hace uso de picnómetros de 10 mL.

Las mediciones se hacen por triplicado

$$\rho = \frac{masa}{volumen} \qquad Ec.1$$

6.3.3 Color

Se analiza el color del aceite esencial de lima por transmitancia usando un colorímetro Gardner-Colorgard System (Fig. 5). Antes de realizar la medición se calibra el colorímetro con la ayuda de la placa negra para posteriormente obtener las coordenadas de color Hunter L, a, b.
De tal forma que:

L: luminosidad varía de 0 a 100

a: variación rojo a verde.

b: variación de amarillo a azul.

Se calcula la diferencia neta de color (Δ E) entre el aceite recién extraído y el de almacenamiento a partir de la ecuación 2; donde a_0, b_0 y L_0 son los valores de referencia del producto recién obtenido.

$$\Delta E = \left((a-a_o)^2 + (b-b_o)^2 + (L-L_o)^2 \right)^{1/2}$$ Ec. 2

Figura 6. Colorímetro Gardner Colorgard System

6.4 Aislamiento de microorganismos y preparación del inoculo

Para el aislamiento de los microorganismos se compra pan de sal tipo "bolillo" de una panadería local el cual se deja en un recipiente cerrado durante 2 semanas ligeramente humedecido y a temperatura de 25.5°C para favorecer el crecimiento microbiano, hasta poder observar el crecimiento micelar, posteriormente se obtuvieron muestras de las diferentes colonias observadas y se sembraron en cajas petri en agar papa dextrosa, se resembró hasta obtener cepa pura de uno de los microorganismos. La cepa se mantuvo en cuñas de agar papa dextrosa, y se resembraba continuamente (López-Malo, 1995).

Después de la obtención de la cepas pura solo se identificó y trabajó con la cepa de *Asperguillus flavus* siendo esta la de interés para el presente trabajo.

Para la preparación de la suspensión de esporas de *Asperguillus flavus*, se hizo crecer en cuñas de agar papa-dextrosa durante 7 días a 25° C. Las esporas se removieron, lavando la superficie del cultivo con 10ml de una solución de agua peptonada previamente esterilizada. (López-Malo, 1995).

Al mismo tiempo de aislamiento de *Asperguillus flavus*, se hicieron siembras de *Asperguillus flavus* control obtenido de laboratorio de Control de Calidad de la Universidad de las Américas Puebla, para tener un comparativo y plena identificación del microorganismo.

6.5 Determinación de la concentración mínima de inhibición

Una vez obtenida la cepa del microorganismo puro se realizó lavado de esporas de las cuñas, con 5 mL de agua destilada estéril. Recuperar un tuvo estéril el agua destilada que lleva esporas del lavado. Se realizo el conteo de esporas en una cámara Neubauer para obtener el recuento en espora/mL.

Se prepara agar papa dextrosa de la marca BD Bioxon de la siguiente forma: pesar 39 gramos del polvo y disolver en un litro de agua caliente, esperar a ebullición, dejar hervir por un minuto y con agitación, posteriormente cubrir el matraz con algodón y papel aluminio para poner a esterilizar en un autoclave por 45 minutos.

En 4 frascos de dilución previamente esterilizados se agregan 40 mL del agar preparado. A cada frascos se le adiciona el aceite esencial de lima de la siguiente forma: 0%(control), 1%, 2%, 3%, el porcentaje es volumen/volumen, se agitan vigorosamente hasta que queden bien integrado el aceite en el agar, se vierten en cajas petri de 5 cm de diámetro. Esperar a que solidifique el agar con aceite, se hace por triplicado para casa sistema.

La inoculación del microorganismo se lleva a cabo en el agar preparado con 50 µl del lavado de esporas previamente descrito, en concentración de 5x10^3 de esporas.

Las cajas petri inoculadas se dejan a temperatura ambiente y se monitorea el crecimiento cada 24 horas, midiendo el crecimiento radial.

Si no se observa crecimiento en estas concentraciones de esporas/porcentaje de aceite esencial se continua con el punto 6.6, de lo contrario, si se observa crecimiento se continua experimentando con las concentraciones de aceite de lima en incrementos de uno, hasta observar el menor crecimiento de las esporas. De igual forma como se describió en los puntos anteriores se hace la preparación del agar con el aceite esencial de lima y la inoculación de las esporas. Y al porcentaje de aceite en el cual no se observe crecimiento se entendió que es el mínimo de inhibición para *Asperguillus flavus*.

6.6 Elaboración de un producto de panificación

Se elaborara un producto de panificación tipo "panque" para ser inoculado con 50 µl en concentración de 5x10^3 de esporas. Agregar aceite esencial de lima en las concentraciones en las cuales se observó menor crecimiento del punto 5.4, que son 3% y 7% con el fin de evaluar la actividad antimicrobiana del aceite esencial de la lima.

De la siguiente forma se realizo el pan tipo "panque" con 136.5 g de harina de trigo, 105.5 g de aceite vegetal, 129 g de azúcar, 129 g de huevo y 2 g de polvo de hornear, se mezclaron todos los ingrediente hasta obtener una pasta homogénea que posteriormente fue horneada a 160 – 170°C por

15 minutos Esta formulación y condiciones de trabajo fueron las usadas por Abellana et al. (2001).

Para evitar la contaminación una vez que salía el panque del horno era tapado con el aluminio estéril y llevado inmediatamente a una campana de flujo laminar donde había condiciones de inocuidad, y ahí se trabajaba con el sistema, con una de las tapas de la caja petri de 5 cm de diámetro que previamente eran pesadas, se hacían móldeles del panque de tal forma que las cajas petri quedaban llenas del panque, y se volvían a pesar con el panque dentro y por diferencia de peso se obtenían los gramos de panque.

El aceite esencial se incorporó en porcentajes de 0%(control), y las concentraciones donde se observó el menor crecimiento en % peso/peso de acuerdo a los gramos de panque contenido en cada caja petri, el aceite se incorporaba poco a poco uniformemente por toda la caja petri de manera que el panque quede impregnado con aceite esencial.

Una vez teniendo las cajas petri con el panque y el aceite adicionado se inoculan con 50 μl en concentración de $5x10^3$ de esporas, esparciendo uniformemente esta cantidad de esperas sobre el panque y se cierran las cajas petri.

Se dejan a temperatura ambiente y se monitorea el crecimiento cada 24 horas.

Para cada sistema de concentración de aceite esencial se realiza por triplicado.

VII. ANÁLISIS Y DISCUSION DE RESULTADOS

En base a la experimentación planteada se presentan los siguientes resultados.

7.1 Pruebas previas

Se realizo un análisis para determinar el rendimiento entre cáscara de lima seca y fresca. Primero se realizo una extracción con 200 gramos de cáscara fresca en trozo mediano y se obtuvo un rendimiento aproximado de 1.46% y en las mismas condiciones de operación pero con 200 gramos de cáscara seca fraccionado en trozos pequeños y se obtuvo un rendimiento aproximadamente de 1.65%, por lo que se decide trabajar con cáscara seca.

Un segundo acondicionamiento es la cantidad de muestra colocada, primero se realizo con casi ¾ de la capacidad del matraz que corresponde a 265 gramos de muestra, posteriormente con la mitad de la capacidad del matraz que corresponde a 155 gramos de muestra, observándose que entre más lleno este el matraz el contacto del vapor en la parte alta de la muestra no están tan bueno ya que queda totalmente seca la muestra, por lo que se decide trabajar con 150 gramos de cáscara seca.

Un tercer acondicionamiento es el tiempo de extracción, primero se realiza con 150 gramos de cáscara de lima por 1.5 horas y se obtiene un rendimiento de aproximado de 1.65%, posteriormente se realiza por 2 horas en las mismas condiciones obteniéndose un rendimiento de aproximadamente de 1.9%, por último se realiza durante 3 horas en las mismas condiciones y se observo el mismo rendimiento que por dos horas.

Por todo lo anterior se determina trabajar en las siguientes condiciones 150 gramos de cáscara seca en trozos pequeños, durante 2 horas, (en ocasiones se dejo por más tiempo sin exceder las 2.30 horas).

El sistema de enfriamiento se mantuvo a 5°C con agua fría y agregando hielo al sistema para que no hubiera variación de temperatura.

7.2 Caracterización y preparación de la materia prima

Después de haber seleccionado la fruta, se caracteriza midiendo las dimensiones y peso de la misma de un lote representativo, las variaciones entre las frutas pocas como se muestra en la tabla I.

Tabla I. Dimensiones de la lima

Peso (gramos)	Ancho(cm)	Largo (cm)
15.72	2.4	3.1
20.35	2.7	4.2
18.50	3.5	4.5
15.89	2.6	4.2
18.22	3.9	3.1
17.15	4.2	3.2
19.40	5.1	3.9
19.35	3.6	4.3
18.39	4.2	3.6
16.37	3.6	4.1
x̄ 17.943	3.58	3.82
D.E. 1.58	0.83	0.53

Continuación tabla I. Dimensiones de la lima

Las variaciones se deben las condiciones propias de la fruta, unas crecen mas que otras pero las medidas presentadas son las más representativas del lote de limas con las que se realizo el presente trabajo.

La cáscara fresca obtenida partiendo de un lote de 30 kg fue de 10.5 kg, después del proceso de secado al sol se obtiene 4.2kg de cáscara seca.

7.3 Obtención del aceite

La técnica de destilación con arrastre de vapor que se uso para la obtención del aceite esencial de la lima, es una de las técnicas más usadas tanto a nivel industrial como a nivel laboratorio debido a que el sistema es relativamente fácil de usar y el rendimiento es efectivo. Además de que los costos de la destilación con este equipo son bajos. Por lo que se puede decir que el procedimiento fue eficaz, ya que el aspecto del aceite obtenido fue muy similar a lo reportado en la bibliografía, esto es que el aceite de lima es de un color amarillo claro, de aspecto aceitoso ligero y un olor típico de la lima pero más concentrado. Para este tipo de sistemas se requiere una cantidad inicial muy alta de cáscara. Para disminuir el tiempo en el cual el vapor llega al refrigerante se adaptaron chaquetas en el contenedor de la materia prima para que la pérdida de calor del sistema fuera menor y así disminuir el tiempo de paso, tal como lo recomienda el fabricante del equipo. Al disminuir el tamaño de partícula de la materia prima el rendimiento es mejor ya que hay un mejor contacto con el vapor.

Una ventaja importante de este tipo de procesos es que el solvente es agua y esta tiene propiedades que no perjudican al aceite en el caso de que este tenga contacto con alimentos, contrario a otro tipo de solventes que no son de grado alimenticio y los aceites que tuvieron contacto con ellos necesitan más procesos de purificación.

El tiempo de extracción en este proceso es relativamente largo, alrededor de dos horas y cuarenta y cinco minutos a tres horas, desde que se monta el sistema y se calienta el agua, una ventaja es que no se tienen que hacer procesos posteriores.

El rendimiento logrado para la lima fue: por cada 150 gramos se obtuvieron 3ml del aceite lo cual representa aproximadamente el 2%, es importante mencionar que el rendimiento de extracción obtenido es bueno ya que se ha reportado que la mayoría de los aceites esenciales tienen rendimientos de extracción de 0.5-2% (Mazinger, 2006). También se ha reportado que el rendimiento para cítricos como naranja y toronja es de 0.5-0.8% y 2-5%, respectivamente (Grosse et al, 2004). El rendimiento de extracción va a depender y a variar entre especia, fruto, así como también del equipo que se utiliza, modo de proceso y preparación de la muestra, y solventes utilizados.

7.4 Propiedades físicas del aceite

7.4.1 Densidad

La densidad a 25°C del aceite de lima, como se puede observar en la tabla II se tiene que el aceite de lima es menos denso que el agua (1.00 g/mL) como es de esperarse para la mayoría de los aceites esenciales de plantas, hierbas o frutos y fue esta diferencia de densidades lo que permitió la separación del aceite del agua como vapor, así como su punto de ebullición que debe ser menor que el del agua para que pueda ser arrastrado con el vapor del agua.

Respecto a los valores, se obtiene que éstos no están dentro del rango reportado en la literatura de 0.865 a 0.886 por Colecio (2000) y tampoco en la norma NMX-F-062-1974 reporta que va de 0.855 a 0.863, esta diferencia se pude deber al tiempo de secado de la cáscara o a la especie utilizada para este experimento.

Tabla II. Densidad experimental y de bibliografía

Media±D.E (g/mL)	Literatura	Norma NMX
0.72±0.10	0.865 a 0.886	0.855 a 0.863

7.4.2 Color

El color del aceite de lima es amarillo pálido transparente, así como esta reportado para los aceites de los cítricos que son transparentes y de color amarillo tenue (Moreno, 2002). Se tuvo en almacenamiento y en refrigeración en tubos cubiertos con papel aluminio, después de 30 días de almacenamiento se determinó el color y calculó el cambio neto de color (tabla III), se observa que no sufre un cambio notorio de color, este comportamiento es de esperarse primero por que cubrió el recipiente para evitar oxidación y segundo porque el tiempo de almacenamiento fue corto. Sin embargo la pequeña variación de color puede ocurrir durante el almacenamiento y se pueden deber a reacciones químicas, entre compuestos, reacciones de degradación, oxidación y autooxidación que pueden llegar a sufrir el aceite de lima.

Tabla III Parámetros de la escala de Hunter

Recién extraído de 30 días			Almacenamiento			
L	a	b	L	a	B	ΔE
90.44±0 .04	- 2.40±0. 27	1.25±0. 06	90.46±0 .07	- 2.60±0. 35	1.49±0. 38	0.31 53
Literatur a						
89.30	-3.20	1.55	90.01	-2.92	1.32	0.79

Se puede notar que el cambio en la luminosidad entre el aceite recién extraído y el almacenado por 30 días es poco, de igual forma entre los parámetros "a" y "b" la diferencia es poca esto es por la protección que se le dio con el papel aluminio. De acuerdo con la bibliografía los valores obtenidos son similares a los reportados por Meroñón (2000), donde el aceite esencial de limón se almaceno por 40 días en la obscuridad, menciona que no se observó cambio significativo respecto al aceite del primer día, esto se puede ver en la tabla 7.2.2, se compara con el aceite esencial de limón porque es el fruto más parecido a la lima y del cual se encontrón reportes.

7.4.3 Índice de refracción

Este parámetro físico en el aceite esencial de la lima al ser estudiado mostro refracción lo cual es una cualidad de los materiales translucidos de desviar los rayos de luz que atraviesan en una dirección determinada, así

47

produciendo efectos de reflejo y distorsión característicos, por lo que el índice de refracción se refiere al grado de cambio de dirección y velocidad de la luz al pasar desde un medio a otro (González, 2000). Siendo este un parámetro importante a evaluar dentro de los aceites esenciales.

Al igual que los sólidos solubles el índice de refracción se utiliza como prueba fisicoquímica tanto a nivel laboratorio como a nivel industrial para el control de impurezas y calidad en aceites puros o jarabes dado el caso de sólidos solubles.

El índice de refracción obtenido para el aceite de lima fue de 1.4702±0.0012 dado que es un valor que está dentro del rango permitido y reportado en la NMX(1974) que debe estar entre 1.4745 – 1.477.

7.5 Aislamiento del moho

El aislamiento del moho a partir del pan de sal es un trabajo importante ya que una mala siembra e identificación lleva a resultados alterados, de tal manera que se llevo a cabo con la precaución y seguridad correspondiente.

De manera resumida se presenta el resultado de dicho proceso; en la incubación del pan de sal tipo "bolillo" en las condiciones mencionadas en el punto 6.4, al cuarto día se nota que hay crecimiento, observando puntos verdes-gris, y en mucha menor proporción punto rojos.

A partir del bolillo con crecimiento micelar (coloreado, como describe en el párrafo anterior), se toman asadas para sembrar en cajas petri, y como control una sepa de *Aspergillus flavus* del Laboratorio de Control de Calidad de la Universidad de las Américas Puebla. En las cajas petri inoculadas con la muestra del pan se observa crecimiento al segundo día notándose principalmente coloración verde-gris y con un tono blanco alrededor, así como lo reporta la bibliografía y se observa en la figura 1, sin embargo una de las cajas mostro crecimiento de otros microorganismos con aspecto liso y de coloración negra-rosa, esto se debe a que hubo contaminación con otros microorganismos propio del pan.

Por lo que se decide volver a realizar el mismo procedimiento y así obtener una caja con las características del moho que se obtuvo a partir de cepa pura del laboratorio de la UDLAP.

Una vez que el crecimiento fue adecuado se procedió a la resiembra de microorganismo en cuñas de agar papa dextrosa estéril, después de incubación de tres días se nota perfecto el crecimiento y se determino es era *Aspergillus flavus*, con pruebas visuales y de microscopio, así como del Dr. Aurelio López-Malo Vigil.

Teniendo al moho identificado se lleva a cabo el lavado de esporas, se realiza conteo en la cámara de Neubauer, se encontró que hay 5,050,000 esporas/mL, es una gran cantidad de esporas que están presenten en el lavado, por lo que se decide hacer diluciones hasta obtener 10^{-3} por mililitro. que se tienen las diluciones de obtiene que hay 5×10^3 esporas /mL.

Se colocan 50 µl de esta dilución lo que significa un nivel de inoculación de 2.5×10^2 esporas/caja.

Se comenzó a experimentar con concentraciones de aceite esencial de 0% (control), 1%, 2% y 3%. En la figura 6 se observa que el moho tiene crecimiento al primero y segundo día de manera muy rápida, por lo tanto las tres fases descritas por Frazier y Westhoff en 1988 para el microorganismo de interés no son muy notorias. En las figuras 7 y 8 no se observa la diferencia entre el control y el 1% de aceite, esto se debe a que moho tiene las condiciones apropiadas para poder crecer y desarrollarse. En la figura 9 se observa como la concentración del 2% de aceite, provoca que el crecimiento de *Aspergillus flavus* se entre los días 2 y 3. De igual forma no se logra la inhibición del microorganismo de manera significativa, ya que el desplazamiento de las líneas es poco. La concentración del 3% de aceite puede verse en la figura 10, nótese que el crecimiento inicia entre 2.5 y el 4 día esto es un indicativo que hay una ligera inhibición y adaptación del *Aspergillus* al medio.

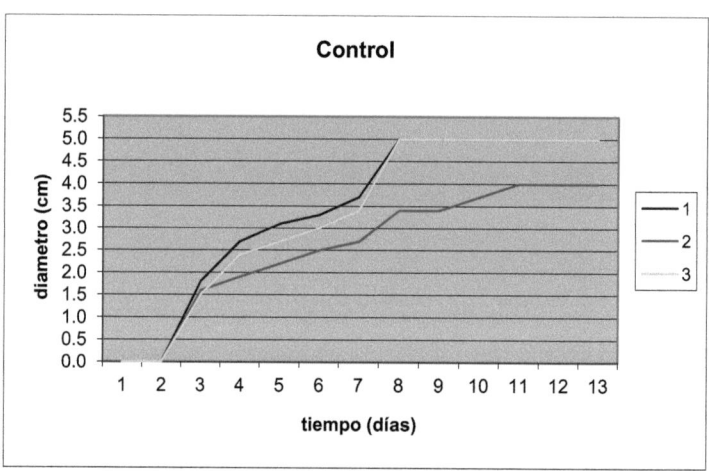

Figura 7. Crecimiento radial de *Aspergillus flavus* con 0% de aceite de lima (control)

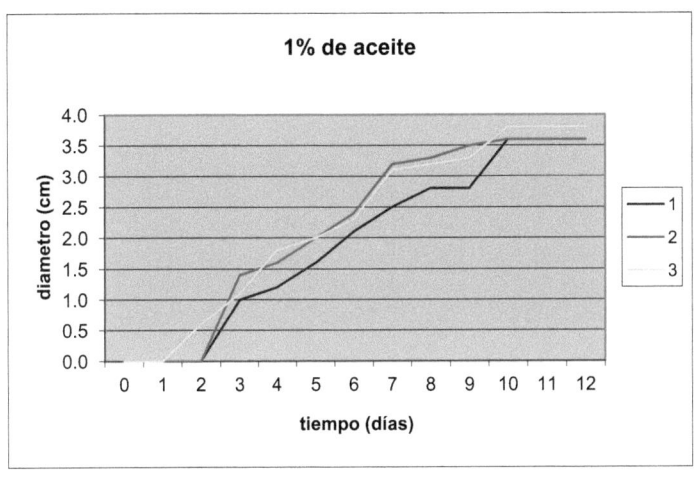

Figura 8. Crecimiento radial de *Aspergillus flavus* con 1% de aceite de lima

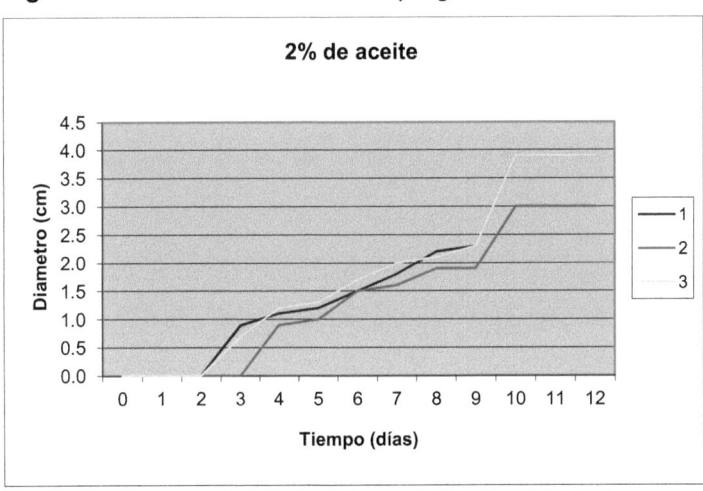

Figura 9. Crecimienro radial de Apergillus flavus con 2% de aceite de lima

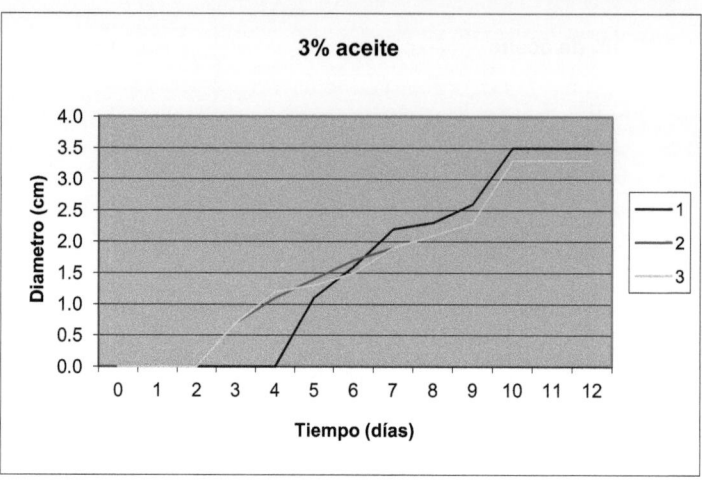

Figura 10. Crecimienro radial de *Apergillus flavus* con 3% de aceite de lima

Se continuo con la experimentacion de la misma forma y condiciones que en las concentraciones iniciales, ya que el crecimiento *Asperguillus flavus* era muy rápido, es decir aun no se lograba la inhibición del crecmiento por lo que se probaron concentraciones de 4%, 5%, 6% y 7%, así como nuevamente un 0% como control para poder hacer comparación.

Se puede ver en la figura 11 al 4% de aceite el tiempo para detectar el inicio del crecimiento esta entre 3.5 y 4.5 días, con esto podemos decir que *Aapergillus flavus* esta siendo inhibido.

Sin embargo aun es poco el tiempo de rehago de crecimiento en término de conservación de alimentos.

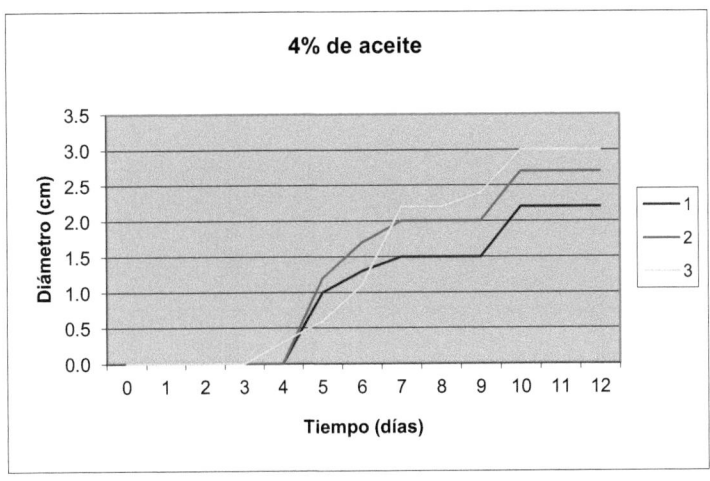

4% de aceite

Figura 11. Crecimienro radial de *Apergillus flavus* con 4% de aceite de lima.

En la figura 11 se observar que el crecimiento de *Aspergillus flavus* se obtiene entre el día 2-5 y 3.5, se esperaba que para esta concentración el tiempo para detectar el crecimiento fuera más extendido, sin embargo el moho se acoplo al medio y ya no presento tanta resistencia al crecimiento, esto es normal cuando los microorganismos llegan a una fase de acoplamiento (Scheidegger, 2003), de tal forma que esta es una concentración que no es de mucha utilidad en algun alimento, pero sí para posteriores investigaciones.

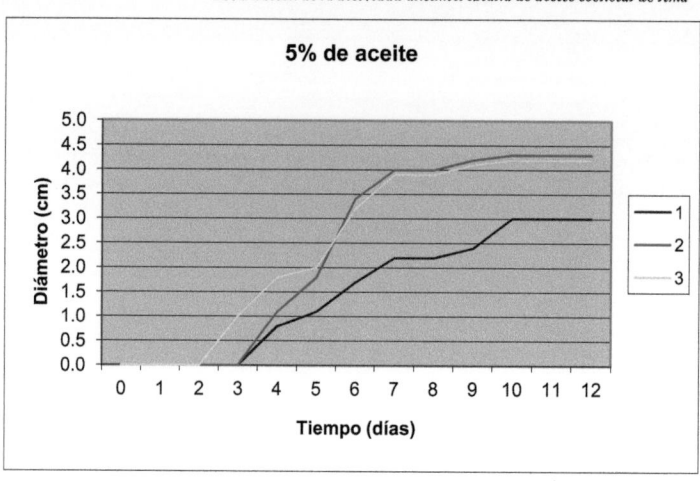

Fugura 12. Crecimienro radial de *Apergillus flavus* con 5% de aceite de lima.

Se puede estimar de acuerdo a la figura 13 que con el 6% de aceite el crecimiento de *Aspergillus flavus* se detecta entre los días 3.5 y 4.5, por lo que indica que ya paso de su fase de acoplamiento y el aceite de lima esta suprimiendo el desarrollo del moho.

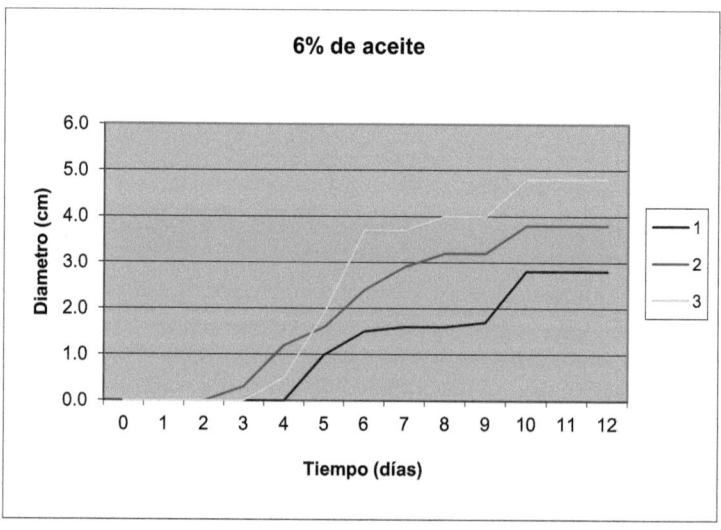

Figura 13. Crecimienro radial de *Apergillus flavus* con 6% de aceite de lima.

Por último el sistema con el 7% de acite de lima se puede notar en la figura 14 que el crecimiento de *Aspergillus flavus* se detecta depués de cinco días por lo que se determina que es una inhibición razonable para probar en otros sistemas alimenticiós, ya que una mayor concentración de aciete dara aromas propios del aceite de lima al alimento y esto puede llegar a ser desagradable para el consumidor.

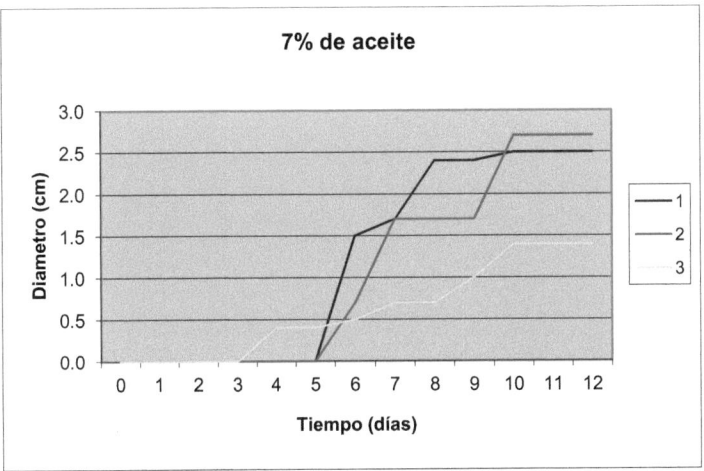

Figura 14. Crecimienro radial de Apergillus flavus con 7% de aceite de lima

En la figura 15 se expone esquematicamente el crecimiento de las concentraciones 0 a 3% a los 2 .5 días de almacenamiento, donde se puede ver que no hay inhibición del moho, ya que es notorio la coloración verde-gris en las cajas, con respecto a la concnetraciones de 4 al 7% donde puede verse que el desarrollo es más lento, (vease figura 16).

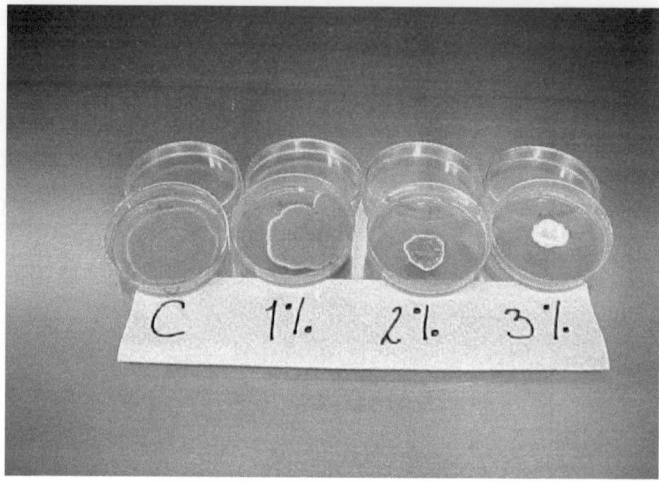

Figura 15. Crecimiento de A. flavus en PDA concentraciones de 0 a 3%

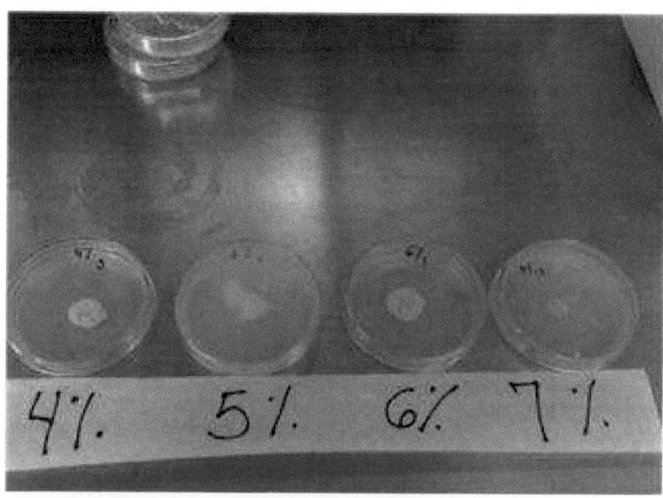

Figura 16. Crecimiento de A. flavus en PDA concentraciones de 4 a 7%

7.6 Velocidad de crecimiento radial y tiempo lag

Respecto a los resultados obtenidos y presentados en las figuras anteriores, se realiza cálculos para obtener la velocidad de crecimiento radial (VRC) en centímetros/día, aplicándose regresión lineal así también para obtener el crecimiento radial como se muestra en la tabla IV donde el menor crecimiento se da con el 7% de aceite de lima. Las gráficas y cálculos se presentan en el anexo de este trabajo.

Tabla IV VCR en cm/día de A. flavus en PDA

VCR	
%	cm/día
Control	0.5943
1	0.3883
2	0.3643
3	0.3155
4	0.3524
5	0.3036
6	0.2743
7	0.1571

Para el tiempo lag de igual forma se realizaron los cálculos pertinentes de tal forma que encontró que el mayor tiempo de rehaso se da con el 7% de concentración de aceite de lima, como se muestra en la tabla V, nótese también que con 4% de concentración el tiempo disminuye, por lo que se confirma que a esta concentración *Aspergillus flavus* presenta una acoplamiento al medio de crecimiento.

Tabla V Tiempo lag de *Aspergillus flavus*

Tiempo lag	
%	**Días**
control	<1
1	0.3
2	1.9
3	1.9
4	0.3
5	1.9
6	2.1
7	3.0

7.7 Aplicación a un producto de panificación

Se realizo un producto de panificación se probo en concentraciones de 0% (control) de 3%, 6% y 7%, estas concentraciones se decidieron ya que a 3% es antes de que se lleve a cabo el acoplamiento del moho al medio de cultivo, y las de 6 y 7% por ser en las que se observa el menor crecimiento.

El crecimiento de *Aspergillus flavus* no se dio en el pan. Se esperaba el crecimiento en concentraciones de 0 y 3%, sin embargo no fue así, de tal forma que tampoco se dio en 6 y 7% aunque en estas concentraciones si era de esperarse el comportamiento. Ya que este es un pan tipo panque; se eligió este debido se consideró que era un producto compatible con el sabor, debido a que el aroma del aceite de lima es notorio y esto favorecería las condiciones organolépticas finales del producto.

Debido a que el panque contiene otros ingredientes como aceite vegetal, azúcar, sal, estos ingredientes pudieron haber interferido en el crecimiento del moho y en la acción del aceite de lima como antimicrobiano.

Se sabe que el azúcar tiene acción supresora de crecimiento microbiano al igual que la sal, por lo que se pudo haber dado un método de conservación combinado.

VIII. CONCLUCIONES

La técnica de destilación por arrastre de vapor resultó ser un método muy eficiente para la obtención de los aceites esenciales ya que no afecta las propiedades de los aceites esenciales y no se utiliza algún solvente extractor por lo que se puede obtener un aceite puro. Por otro lado, el tiempo máximo de destilación resultó relativamente corto (2hrs) comparado con otros métodos de extracción.

El rendimiento de la cáscara (2%) es bueno ya que coincide con lo reportado en la literatura para cítricos (0.5-2%) lo que confirma la eficiencia del método de extracción.

La densidad del aceite es baja (0.72) respecto a la norma mexicana (0.85) y a la bibliografía (0.865), esto se puede deber a la especie utilizada y la reportada en la norma.

El índice de refracción obtenido del aceite de lima se encuentra dentro del rango de acuerdo a lo reportado en la bibliografía lo que es un indicativo que el aceite obtenido es bueno y que puede ser utilizado ampliamente en los posteriores experimentos.

Las diferencias que existen entre el aceite de lima recién extraído y con el aceite de 30 días de almacenamiento es mínimo por lo que la técnica utilizada para evitar la oxidación resulta ser eficaz.

La evaluación del aceite de lima como antimicrobiano para Aspergillus *flavus in vitro* resulta ser eficaz en concentraciones del 7% ya que en concentraciones menores el crecimiento se da en pocos días lo que resulta ser inaplicable para alimentos.

Al aplicar el aceite de lima en un sistema modelo de pan, no fue viable estudiar el comportamiento ya que no se detecto crecimiento debido a otras condiciones que inhibieron el crecimiento de *Aspergillus flavus* como los ingredientes del pan.

IX RECOMENDACIONES

Realizar cromatografía de gases-masa para identificar el componente mayoritario que de acuerdo a bibliografía es d-limoneno, con el fin de comprobar que es el responsable de la actividad antimicrobiana del aceite esencial de lima.

Probar con otros alimentos la capacidad antimicrobiana del aceite de lima como se observo invito en el presente estudio.

Realizar pruebas de extracción del aceite con otros solventes, para determinar el mejor rendimiento así como si las propiedades físicas se ven afectadas o permanecen constantes.

Aprovechamiento de la fruta haciendo jugo, mermelada, jaleas, entre otros alimentos, no solo de la cáscara.

BIBLIOGRAFÍA

BALTAZAR, F. E. 2003. "Mezclas de antimicrobianos naturales y sintéticos para inhibir el crecimiento bacteriano". Tesis de Maestría. Universidad de las Américas, Puebla, México

BARRET D. M. Somogyi, L. Ramaswamy, H. 2004. "Processing Fruits Science and Technology". Segunda edición. CRS Press. Washington, D.C. EE UU.

BURNETT, J.H. 1976. "Fundamentals of Mycology". 2ª. Edición. Crane Russak & Co., Inc. USA.

CAREY F.A. 2003. "Organic Chemistry", 5ª ed., McGraw-Hill. EE UU

CARRILLO, I. M. L. 1999. "Efecto de la actividad de agua, pH y temperatura de incubación en la capacidad antimicótica de mezclas de benzoato de sodio-vainilla". UDLAP.

COLECIO, J. M.C., Jiménez, I. H., Botello, A. J.E., Martínez, G. G.M. 2005. "Caracterización del aceite esencial de lima dulce en sus diferentes estados de madurez."http://www.repyn.uanl.mx/especiales/2005/ee-13 2005/documentos/CNA06.pdf. Fecha de acceso septiembre 2007.

CONNER, D.E. y Beuchat , L.R. 1984. "Effects of essential oils form plants on growth of food spoilage yeasts". J. food Sci. 49:429-434.

DAVIDSON, P, M. Branen, A. L. 1993. Antimicrobials in Foods. Marcel Dekker, Inc., New York.

FDA. Foodborne Pathogenic Microorganisms and Natural Toxins Handbook. http://www.cfsan.fda.gov/~mow. Fecha de acceso: Enero, 2006

FRAZIER, W. C, Westhoff D.C. 1988. "Microbiología de los alimentos". Ed. Acribia. Zaragoza. España.

GONZALEZ S. 2000. Aceites espaciales. http://www.plaza-delcielo. org/AceitesEspaciales.htm. Fecha de acceso: Abril, 2008

GRAJALES, M.H. 2005. "Verdades del moho en los alimentos" UCCE, Universidad de California Cooperative Extension. (951) 827-4397

GIMENO, A. 2001. Los Hongos y las Micotoxinas en la Alimentación Animal; Conceptos, Problemas, Control y Recomendaciones., Albéitar n°45, 46-47.

JAY, J. 1992. Modern Food Microbiology. Van Nostrand Reinhold, N.Y.

JIMENEZ, G. A. 2008. Patologías más importantes transmitidas a través de los alimentos. Tema 10. Universidad de León http://www.unileon.es/temario.php?cod=01032008htm fecha de acceso enero 2008.

KENT, N.L. 1987. "Tecnología de los Cereales". Segunda edición. Editorial ACRIBIA, S.A. Zaragoza, España.

LÓPEZ-MALO, 1995."Efecto de diversos factores sobre la capacidad antimicótica de vainilla". Tesis de Maestría. Universidad de las Américas, Puebla, México.

MATAMOROS, L. B. A. 1998. "Actividad antimicrobiana de mezclas sorbato de potasio-vainilla" sobre mohos deteriorativos de frutas". Tesis de Maestría. Universidad de las Américas, Puebla, México.

MEROÑON, Q. A. 2000. "El aceite esencial de limón producido en España. Contribución a su evaluación por Organismos Internacionales. Universidad de Murcia. http://www.tesisenred.net/TDR-0906107-094503/index_cs.htmls fecha de acceso mayo 2008.

MORENO, P. M. M. 2002. "Inhibición de aspergillus flavus y Penicillium digitatum utilizando agentes antimicrobianos naturales y/o sintéticos". Tesis de Licenciatura. Universidad de las Américas, Puebla, México.

Norma Oficial Mexicana NMX-F-062-1974

NORMAN, W. D.1998. "Elementos de Tecnología de alimentos". 13ª edición. Compañía editorial Continental S.A. de C.V. México.

PÉREZ, A. T.F. 2006. "Efectividad de los vapores de aceites de tomillo y orégano como agentes antibacterianos". Tesis de Maestría. Universidad de las Américas, Puebla, México.

SCHEIDEGGER, K. A. and G. A. Payne. 2003. Unlocking the secrets behind secondary metabolism: A review of Aspergillus flavus from pathogenicity to functional genomics. Journal of Toxicology-Toxin Reviews. 22(2-3): 423-459. http://www.aspergillusflavus.org/aflavus/index.html.

TEJERO, F. 2004. http://www.alimentariaonline.com/desplegar_nota.asp?did=8561. Fecha de acceso octubre 2007.

ANEXOS

Gráficas para el cálculo de la velocidad de crecimiento radial y tiempo lag para A. flavus a las concentraciones de 0% (control), 1%, 2%, 3%, 4%, 5%, 6% y 7%).

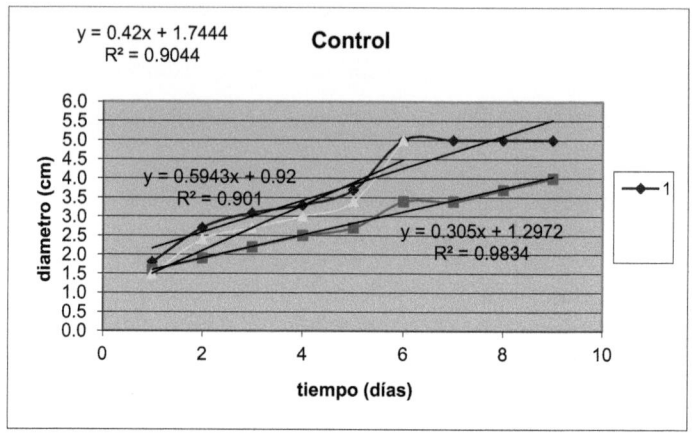

Grafica 1. Crecimiento de *A. flavus* con 0% de aceite de lima

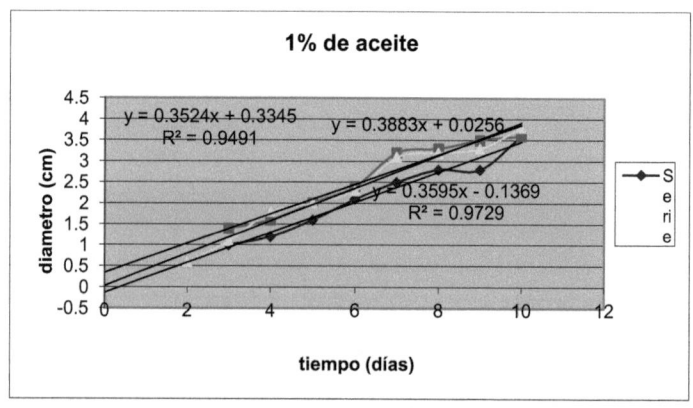

Grafica 2. Crecimiento de *A. flavus* con 1% de aceite de lima

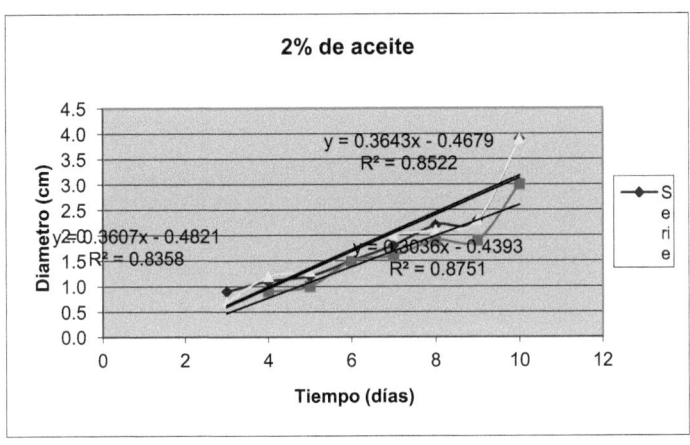

Grafica 3 Crecimiento de *A. flavus* con 2% de aceite de lima

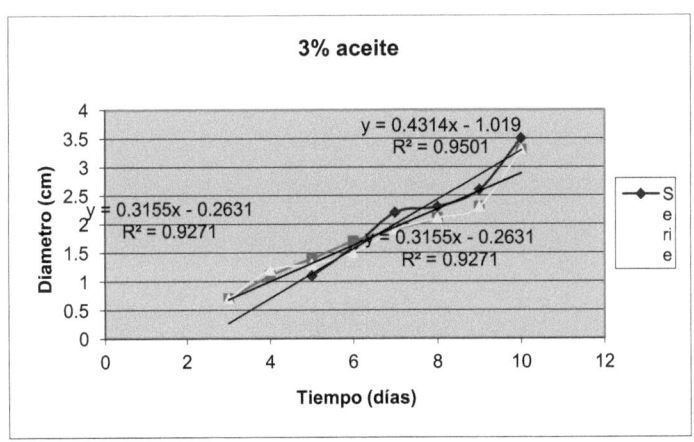

Grafica 4. Crecimiento de *A. flavus* con 3% de aceite de lima

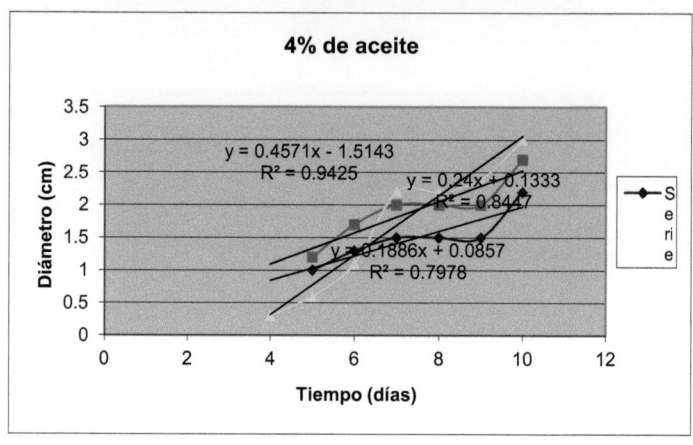

Grafica 5 Crecimiento de *A. flavus* con 4% de aceite de lima

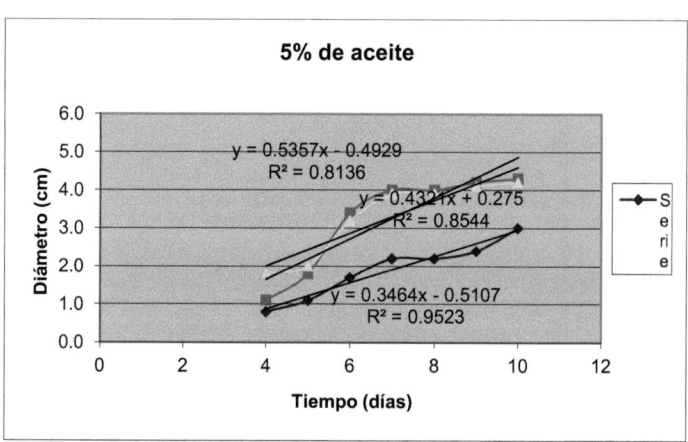

Grafica 6. Crecimiento de *A. flavus* con 5% de aceite de lima

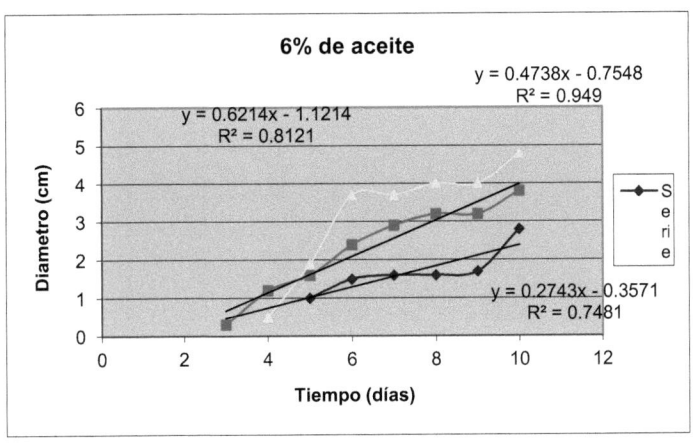

Grafica 7. Crecimiento de *A. flavus* con 6% de aceite de lima

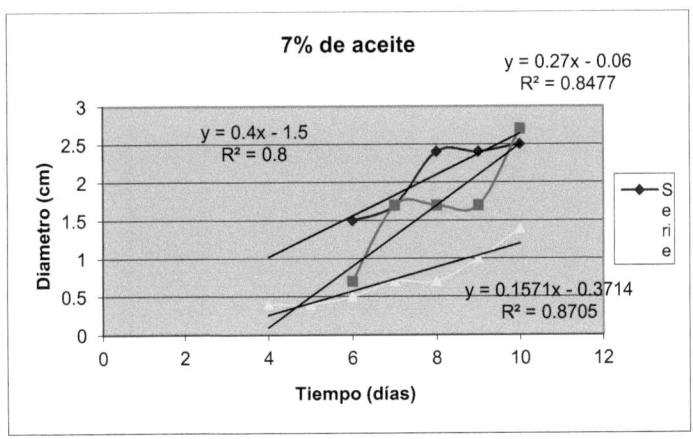

Grafica 8. Crecimiento de *A. flavus* con 7% de aceite de lima

Printed by Books on Demand GmbH, Norderstedt / Germany